童装
板样100例

TONGZHUANG　BANYANG 100LI

智海鑫　组织编写

化学工业出版社

·北京·

图书在版编目（CIP）数据

童装板样100例／智海鑫组织编写． —北京：化学
工业出版社，2016.8（2025.2重印）
ISBN 978-7-122-27296-6

Ⅰ．①童… Ⅱ．①智… Ⅲ．①童服-服装样板
Ⅳ．①TS941.716.1

中国版本图书馆CIP数据核字（2016）第126517号

责任编辑：张　彦　　　　　　　　　　　装帧设计：王晓宇
责任校对：王素芹

出版发行：化学工业出版社（北京市东城区青年湖南街13号　邮政编码100011）
印　　装：大厂回族自治县聚鑫印刷有限责任公司
787mm×1092mm　1/16　印张6¾　字数172千字　2025年2月北京第1版第12次印刷

购书咨询：010-64518888　　　　　　　　　售后服务：010-64518899
网　　址：http://www.cip.com.cn
凡购买本书，如有缺损质量问题，本社销售中心负责调换。

市场调查显示，目前，中国童装消费的需求量大约是每年8亿件，据预测，在今后数年内，童装消费每年还会以8%左右的速度增加。所以，童装市场的发展前景非常诱人，也吸引着众多服装厂家和商家涉足童装市场，以至童装市场中的竞争也越来越激烈。

此外，随着社会经济水平和国家教育的发展，如今的儿童日益早熟，孩子们的自主意识逐渐增强，购买服装时很多孩子更愿意自己做主，所以，时尚类品牌童装的市场空间也会越来越大。

但是，目前的中国童装市场，并不能完全满足消费者的需求。虽然商场中的童装款式非常多，色彩和面料也丰富多彩，然而，很多童装却由于设计制作不到位，很难获得消费者的认同。例如，有的童装装饰过于繁琐，降低了文化品位；有的童装款式过于成人化，失去儿童服装必备的童真和童趣；有的童装面料不合格，达不到童装面料需要柔软、透气、伸展、轻松、舒适的要求。

另外，目前中国童装的生产能力和市场消费群体反差巨大，童装专业生产企业不到200家，而且童装在服装市场中所占的比重不到1%。因此，童装的巨大发展前景，也给服装从业人员提供了一个好机会。专业的童装设计制作人员必然为市场所需，为企业所需。

所以，针对目前中国童装市场的现状，以及市场和企业对童装技术人员的需求，我们编写了这本童装板样图书。

本书扼要介绍了童装的设计制作基本知识，并列举了100款童装的板样制作，包括婴幼服装27款，儿童裤装13款，女童上装24款，女童裙子11款，男童上装25款。本书使用单位为厘米。

结构制图中包含款式图、结构尺寸及完整清晰的服装结构图。制图实例囊括上装、裙装、裤装、连身装、婴儿睡袋、儿童帽、披肩、衬衣、马甲、T恤、夹克衫、棉服、大衣、半身裙、连衣裙、开裆裤、休闲裤、背带裤等适合春夏秋冬各个季节穿着的服装，尽可能满足广大读者的专业学习和童装制衣参考需求，既便于服装专业初学者、企业技术人员和业余服装制作人员参考阅读，又适合服装院校师生作为教材或教辅参考使用。

本书由于时间关系，在编撰之中难免有疏漏之处，敬请广大读者指正！

编　者

CONTENTS 目 录

第一章 ▶ 童装设计制作基础知识 / 001

一、童装制作人员需要具备的素质要求 / 002

二、成人化童装设计制作中的注意事项 / 002

三、童装设计基础知识与注意事项 / 003

四、童装设计中的色彩技巧 / 004

五、童装常用面料概略 / 005

六、儿童量体部位与量体方法 / 007

七、国内童装尺码对照表 / 008

第二章 ▶ 婴幼服装 / 009

1. 婴儿帽 / 010

2. 儿童帽子 / 010

3. 儿童护耳帽 / 011

4. 儿童六角帽 / 011

5. 婴儿围嘴（1）/ 012

6. 婴儿围嘴（2）/ 012

7. 婴儿睡袋（1）/ 013

8. 婴儿睡袋（2）/ 014

9. 女童夏季爬服 / 015

10. 婴儿短袖爬服 / 016

11. 婴儿棉爬服 / 017

12. 婴儿无袖爬服 / 018

13. 婴儿内裤（1）/ 019

14. 婴儿内裤（2）/ 019

15. 婴儿开裆裤 / 020

16. 婴儿高腰开裆短裤 / 020

17. 婴儿开裆连脚裤 / 021

18. 牛仔马甲 / 022

19. 棉马甲 / 023

20. 披肩 / 024

21. 斗篷（1） / 025

22. 斗篷（2） / 026

23. 斗篷（3） / 027

24. 棉袄（1） / 028

25. 棉袄（2） / 029

26. 棉袄（3） / 030

27. 棉袄（4） / 031

第三章▶ 儿童裤装 / 032

28. 男童内裤 / 033

29. 女童内裤 / 033

30. 儿童开裆长裤 / 034

31. 儿童背带裤 / 034

32. 男童短裤（1） / 035

33. 男童短裤（2） / 035

34. 男童背带裤 / 036

35. 男童长裤 / 037

36. 男童休闲裤 / 038

37. 女童短裤 / 039

38. 女童花苞短裤 / 039

39. 女童打底裤 / 040

40. 女童哈伦裤 / 041

第四章▶ 女童上装 / 042

41. 女童背心 / 043

42. 女童吊带背心 / 043

43. 女童马甲 / 044

44. 女童T恤 / 045

45. 女童长袖T恤 / 046

46. 女童衬衣 / 047

47. 女童无袖衬衫 / 048

48. 女童罩衣（1） / 049

49. 女童罩衣（2） / 050

50. 女童POLO衫 / 051

51. 女童西装（1） / 052

52. 女童西装（2） / 053

53. 女童牛仔服 / 054

54. 女童皮夹克 / 055

55. 女童卫衣（1） / 056

56. 女童卫衣（2） / 057

57. 女童外套（1） / 058

58. 女童外套（2） / 059

59. 女童大衣 / 060

60. 女童呢子大衣 / 061

61. 女童风衣（1） / 062

62. 女童风衣（2） / 063

63. 女童羽绒服（1） / 064

64. 女童羽绒服（2） / 065

第五章 ▶ 女童裙子 / 066

65. 女童半裙（1） / 067

66. 女童半裙（2） / 067

67. 女童半裙（3） / 068

68. 女童牛仔短裙 / 068

69. 女童背带裙（1） / 069

70. 女童背带裙（2） / 070

71. 女童连衣裙 / 071

72. 女童短袖连衣裙 / 072

73. 女童长袖连衣裙 / 073

74. 女童POLO衫连衣裙 / 074

75. 女童旗袍 / 075

76. 男童背心 / 077

77. 男童工字背心 / 077

78. 男童马甲 / 078

79. 男童衬衫 / 079

80. 男童牛仔衬衫 / 080

81. 男童T恤 / 081

82. 男童长袖T恤 / 082

83. 男童POLO衫 / 083

84. 男童长袖POLO衫 / 084

85. 男童卫衣（1） / 085

86. 男童卫衣（2） / 086

87. 男童罩衣（1） / 087

88. 男童罩衣（2） / 088

89. 男童牛仔服 / 089

90. 男童皮夹克 / 090

91. 男童外套（1） / 091

92. 男童外套（2） / 092

93. 男童西装（1） / 093

94. 男童西装（2） / 094

95. 男童风衣（1） / 095

96. 男童风衣（2） / 096

97. 男童呢子大衣（1） / 097

98. 男童呢子大衣（2） / 098

99. 男童羽绒服（1） / 099

100. 男童羽绒服（2） / 100

第一章
童装设计制作基础
知识

一、童装制作人员需要具备的素质要求

童装设计师和童装裁剪制板人员，首先要学好专业知识，学会收集和整理各种与童装有关的信息，这是在童装设计制作的学习提高过程中必须具备的一项素质。有些童装设计和制作的初学者在设计制作童装时，经常为找不到灵感、没有创意而苦恼，这主要是由于专业知识不牢固，信息积累不够。加强对专业技术知识的学习，经常浏览、观摩、收集国际童装和国内童装的流行趋势等信息，研究儿童服装的特点，专业知识加强了，信息资料积累多了，灵感自然也就有了。

但是，资料收集得多、信息掌握得多，并不等于就一定能够提高自己的能力。如果对知识、资料、信息，仅仅停留在表面，泛泛地看一下，并不下工夫去深入研究，不能深入掌握服装的造型形态、材质运用、配色方便、饰物使用等具体的设计制作技巧，也不会取得好的效果和成绩。所以，对于童装初学者，最好能够多多记忆各种服装款式，在各种服装款式中寻找设计制作的方法与规律，磨砺出对童装的感觉，那么在日后的童装设计制作中，自然也能够得心应手了。

服装不仅具有保暖、遮羞功能，还具有审美等心理方面的功能，尤其儿童服装，好的儿童服装，有益于儿童的健康成长和心理发育；设计制作拙劣的儿童服装，不仅不利于儿童身体的健康成长，更不益于儿童心理的良好发育。所以，作为一名服装设计制作人员，要想在童装领域中有所建树，一定要广泛学习各种专业以外的知识和技能，获得服装专业以外的信息，如时尚流行趋势、儿童成长规律和特点、儿童心理特征，以及文学、音乐、绘画等，只有拓宽了知识面，增长了见识，在童装设计和制作中，才能有更好的想法、更多的创意。

对于童装专业的初学者，不可能一开始就能自己独立设计制作服装，还是要先从模仿别人的童装设计制作开始。初学者可以先寻找一位自己敬佩和喜欢的童装设计制作人员，有意识地模仿"老师"的童装设计制作的技巧和风格，培养和增强自己对童装的感觉与练习技巧，同时博采众家所长，慢慢寻找到自己的长处和风格，争取能够在童装设计制作中自成一路。

开始学习童装设计制作时，一定要培养自己对童装的敏感性。能够对童装的形象特征、色彩情感、质地美感，迅速作出反应，并产生联想和灵感，从而获得创作中的突破。

最后，对一名童装设计制作师来说，还必须具有宽广的胸怀，能够善于接受新观点、新现象，不要先入为主排斥他人，要能够主动学习，主动接受，主动思考，这样才能和时代同步，让自己的作品引领时尚。同时，还必须具有团队合作意识，要学会和人沟通、交流、合作，有助于自己早日成为一名合格、优秀的童装设计制作师。

二、成人化童装设计制作中的注意事项

近几年，随着国外童装的设计风格传入中国市场，出现了一股童装成人化的风潮。不过，对于童装成人化我们应该有正确的理解。成人化童装并不等于成人服装的缩小版。

国际上的童装成人化，追求的是款式的简约大方，颜色花样的淡雅柔和，以满足一些高品位消费者的要求。有些家长，也愿意通过孩子的衣着来彰显自己的品位。另外，童装成人化也顺应了当代孩子早熟的心理需求。例如，一些十二三岁左右的孩子，成熟得比较早，通常不再喜欢孩子气的服装，更愿意穿具有成人风格的服装。

不过，童装设计师们需要注意的是，童装仍然具有其特殊性，不可以和成人服装相提并论。例如，成年人穿着的吊带衫、低胸服、透视装等，是完全不适合儿童的。此外，儿童服装仍然需要重视面料的柔软度、颜色的选择和搭配以及服装上的图案。像有关两性、暴力之类的图案和字眼，完全不应该在童装上出现。诸如儿童旗袍、儿童礼服、公主裙等，也容易在无形中给儿童灌输一种奢华和繁琐的理念，在心理上促使儿童过于早熟，不利于儿童身心的健康发展。

因此，童装成人化只是适当应用一些成人服装中的流行元素，如色彩淡雅，不要过于亮丽；式样简洁，不要过于复杂。成人化童装仍然需要符合儿童的特点和需要，要具有童趣。

另外，中国儿童和外国儿童不管是从肤色、体型、身高还是文化背景、心理发育等方面，都是有区别的。所以，针对中国儿童设计的童装，应该符合中国儿童的身心发育特征，符合中国的文化传统和理念，而不应该单纯模仿国外，盲目跟风、模仿都是不可取的。

三、童装设计基础知识与注意事项

儿童在不同成长阶段有不同特点，不同成长阶段的孩子，其童装结构和服装面料也会有所不同。

根据儿童的成长阶段，可以分为婴儿期、幼儿期、学童期。儿童服装需要根据儿童成长的具体阶段设计款式和选择面料。

婴儿期是指从出生到1周岁的儿童。在这个阶段，孩子穿衣服主要是为了保护身体和调节体温。由于这个阶段的孩子睡眠时间比较长，汗液分泌较多，大小便的排泄次数多，容易出现痱子、湿疹等皮肤疾病，所以，凡是会直接接触孩子皮肤的内衣、尿布等，都必须使用柔软轻薄、卫生、吸湿性强的面料制作，如棉织物面料、棉毛织物面料等，避免使用化学纤维织物面料。

在制作婴儿服装时，必须要考虑衣服整体的宽松度，要看看衣领、袖口等紧不紧，如果服装宽松度不够，衣领、袖口紧，不利于身体血液循环和孩子的成长。此外，婴儿服装的式样结构一定要以穿脱方便为主，在进行缝合时，尽量不要出现棱角，避免不慎伤害婴儿幼嫩的皮肤。

幼儿期是指从1岁到6岁左右这段时期。在这个阶段，孩子的身体成长迅速，运动量大，运动技能也处于飞速发展期。在幼儿期的前期（1～3岁），孩子一般头大、颈项短，挺身体，腹部突出，所以，对服装的要求是，衣服要宽松，开口部位的尺寸要大，便于穿脱。由于腹部突出，容易使衣服的前下摆上翘，所以在设计裁剪衣服时，可以用育克剪接的方法处理腹部的问题。

到了幼儿期的后期（3～6岁），孩子的腿部、肩宽、胸围会明显增长，而且这个阶段孩子主要以幼儿园生活为主，所以，在这个阶段对服装的要求是裤子要宽松，裤口要收紧，方便孩子上上下下地活动。为了方便并且满足孩子时不时总喜欢随身带一些小玩意玩耍的需求，在裤子或者上衣最好能缝制结实的口袋。在这阶段，不管男孩女孩，最好都穿上下组合式的服装，既能够帮助调节温度，还方便换洗。服装的开口应该在前面，方便孩子自己穿脱，有助于培养孩子的独立意识。

在幼儿期，孩子的服装以实用性为主，服装结构简单合理，不要有过多的装饰，当然可以适当添加点卡通图案并且结合到结构中去，衣袋或者裤袋中既能够装小手帕，又能装小玩具。服装的面料应该耐洗、不褪色、比较结实，如纯棉、麻、混纺之类的面料。

学童期是指从孩子6岁到12岁这个阶段。这个阶段的孩子基本上都以小学学习生活为主，孩子的运动机能和智能明显发展，而且孩子日益脱离幼儿期的感觉，开始有自己独立的思想。男孩和女孩之间的差异也越来越明显，尤其到了高年级，女孩子的身体会发育得很明显。在这个阶段中，孩子穿的服装应该考虑到社会性的需求。上学期间的服装不宜过于华丽、耀眼，同时又要方便活动，以上下组合装为好，便于调节温度。在这个阶段，孩子的个子会长得比较快，衣服的式样要能够适应身高的变化，最好能够调节衣长。如果孩子需要参加开学典礼、校庆之类的集体活动，应该按照活动形式为孩子选择服装式样、色彩和面料。面料最好选择容易去污渍、耐洗，具有良好的通气性的。在缝制服装时，要考虑到孩子有时候会剧烈运动，所以，在开口、袖子、裤裆、拉链等关键部位，一定要缝制结实。

总之，儿童的成长期比较快速，变化也比较大，而且儿童与儿童之间的个体差异也很大。在给孩子选择或者定做衣裳时，一定要符合孩子的身体尺寸和体态特征，使衣服能够合体、合身，适合孩子穿着。而且儿童普遍活泼好动，活动量大，好奇心强，所以，童装的制作一定要考虑安全性，尤其是服装上的拉带、绳索等，尽量不要用小球之类的来装饰服装，以免儿童因好奇或者无意中误吞食。

四、童装设计中的色彩技巧

在进行童装设计制作时，要注意色彩的搭配组合。服装制作人员需要经常关注并揣摩国际童装的流行色彩趋势，同时要研究不同地区经济环境和文化背景中的儿童服装的颜色差异与特点，使制作的童装颜色、花样等能够与服装潮流同步。

其次，童装的颜色、花样，会在潜移默化之中影响着儿童的心理。儿童心理学家经过研究发现，0～2周岁的婴幼儿，因为视觉神经还没有发育完全，色彩心理不健全，所以，在这个阶段，孩子的服装颜色应该以白色为主，并且根据孩子的性别和服装的种类可以稍作区别，如浅蓝色、浅粉色、米黄色等，以浅色调为宜；2～3周岁的儿童，视觉神经发育到可以初步辨识颜色，他们善于捕捉和凝视鲜亮的色彩，所以，针对这个阶段的儿童，服装的颜色可以稍微鲜艳、明亮一些，如红色、黄色、蓝色等。4～5周岁的儿童，智力的发育比较快，能够认识至少四种以上的颜色，还能够从浑浊暗色中辨别出明度比较大的颜色，所以，这个阶段的儿童，服装的颜色可以丰富一些，各种颜色都可以有；在6～12岁这个阶段，需要全面培养儿童的德、智、体、美、劳，促进儿童全面发展，所以，童装的颜色使用更会直接影响儿童的心理发展。例如，心理学家们研究发现，经常穿深暗色的紧身服装的男童更容易精神紧张、情绪波动，在心理上感到不安，还可能会伴有一些不良习惯；

相反，如果让孩子经常穿黄色、绿色系列的色调温和的式样宽松的服装，那么儿童的心态能慢慢发生转变，会更加乖巧、顺从、听话。

在一些特定场合环境下，童装的颜色对儿童还具有一定的保护作用。例如，在灰蒙蒙的雨天中，孩子穿上颜色鲜艳明亮的雨衣，在路上行走时，能有效避免交通事故。如果儿童经常在夜里外出活动，那么经常穿的服装颜色中最好有反光材料和荧光物质，这样在夜间容易引起行人和车辆的重视与警觉。

另外，在制作童装时，设计师懂得适当用色块进行镶拼、间隔，能够使儿童服装获得色彩丰富、活泼可爱的效果。

五、童装常用面料概略

因为织布用的机器不同，其原理也有所不同，所以，织出来的织物内部结构也不一样。布料一般可以分为梭织和针织两大类。

梭织物是机器出两组或者多组纱线，相互以直角的形式交针而成。纱线呈现纵向的称为经纱，纱线横向来回的称为纬纱。因为梭织物的纱线是以垂直方式互相交错，所以梭织布料具有坚实、稳固、缩水率相对比较低的特点。这种布料通常用来制作衬衫、牛仔服装等。

针织物是经纱线成圈的结构形成针圈，新的针圈再穿过先前的针圈，这样不断重复而形成的。这种面料一般用来制作T恤、内衣等。

儿童服装的常用面料有如下几类。

1. 纯棉织物

纯棉织物是一种天然织物。因为棉纤维是一种多孔性物质，内部分子呈不规则排列，分子中含有大量的亲水结构；而且棉纤维是热的不良导体，其内腔充满了不流动的空气，所以，穿在身上舒适、透气、吸汗、保暖，不会产生静电，能有效防止皮肤过敏，而且很容易清洗。

但是，由于棉纤维弹性比较差，所以，用纯棉制作的服装容易起皱褶，不容易打理。棉纤维还有很强的吸水性，吸收水分后会膨胀，导致棉纱缩短变形，所以，缩水率比较大。在潮湿的环境中，一旦遇到细菌或者真菌，棉纤维还会分解成它们喜欢的营养物质——葡萄糖，引起面料发霉、变质。棉纤维如果长时间和日光接触，其强力也会降低，纤维会变硬发脆；如果遇到氧化剂、漂白粉，或者具有氧化性的染料，棉纤维的强力也会下降，变硬发脆，所以，它不耐用，不耐磨耐穿，还很容易褪色。

在具体制作服装时，一般很少会用100%的纯棉面料，通常都是用含棉成分95%以上的面料，也称纯棉。

棉布服装、棉织品最好用冷水洗涤，有助于保持原色泽。可以机洗，也可以手洗，不过，由于棉纤维弹性比较差，所以，在洗的时候最好轻洗，不宜使用大力手法，否则容易使衣服变形，影响尺寸。除了白色棉织品，其他颜色花样的服装，最好不用含有漂白成分的洗涤剂或者洗衣粉，更不要把洗衣粉直接倒在服装上，避免造成褪色。洗完后要立即平整挂干，减少面料皱褶。棉布服装耐高温，可以用200℃左右的高温熨烫。

2. 单面平纹布

这种布料的表面是低针，底面是高针，织法结实，比双面布薄、轻，穿在身上透气、吸汗，用它制作的服装弹性小，表面平滑，但是相对容易起皱褶和变形。这种布料多用于制作T恤。

3. 针织双面布

这种布料的表面和底面的布纹一样，布的底面织法比普通针织布细滑，富有弹性，用它制作的服装穿在身上具有较强的吸汗性。主要用来制作T恤。

4. 天鹅绒

它是属于绒类纬编针织物的一种，是由毛圈针织物经割圈或者由带纱圈的衬垫针织物经割圈而成的产品，由地纱和绒纱组成。地纱一般采用低弹涤纶丝或者低弹锦纶丝，地纱具有弹性，有助于固定绒毛，防止脱落。绒纱一般采用棉纱、混纺纱或者其他短纤维纱。

因为织物的一面是由直立纤维或者纱形成的绒面，绒面上覆盖绒毛，其高度为1.5～5毫米，手感柔软，类似天鹅的里层绒毛，所以称为天鹅绒。

这种面料通常色泽鲜艳自然，绒感饱满，手感舒适、柔和。

5. 灯芯绒

这种面料手感柔软，绒条圆直，纹路清晰，绒毛丰满，质地坚牢耐磨。

6. 珊瑚绒

这种面料质地细腻，手感柔软，不容易掉毛，也不起球，不掉色，它的吸水性非常好，其吸水指数是全棉产品的3倍。用它制作的服装，穿在身上，对皮肤没有任何刺激，不会引起皮肤过敏现象，而且制作出来的服装外形美观、颜色丰富。一般用它来制作浴袍、睡衣之类的服装。

7. 摇粒绒

它是针织面料中的一种，属于小元宝针织结构，面料正面拉毛，摇粒蓬松密集，不容易掉毛、起球，反面拉毛稀疏匀称，绒毛短小，组织纹理清晰，面料蓬松，弹性极好。它的成分一般是全涤，摸起来手感柔软。这种面料通常用来制作冬季的御寒服装。

8. 抓毛巾

这种布料的一面起绒，属于抓剪毛织物，具有明显的肌理和强烈的风格。手感柔软、舒适，弹性比较好，而且耐磨耐用。因为绒毛间能够大量储存空气，所以，用这种面料制作出来的服装，保暖性能也很好。

9. 毛圈布

这种织物的手感丰满厚实，布料坚牢，弹性好，吸湿性和保暖性也很好，毛圈结构稳定。这种面料主要用来制作运动服、翻领T恤衫、睡衣裤、童装等。

六、儿童量体部位与量体方法

　　儿童个儿长得快，衣裤宜稍微宽松一些，不宜过于紧身。所以，在给儿童测量衣服尺寸的时候，需要根据衣服的式样给予适当的围度和长度放松量。测量时，一般应该在儿童身上穿的一件薄衣服外面测量。

　　先准备一根细带，在儿童身体最细的位置水平束好，这个位置就是腰围线。因为儿童的腰部比较圆，不够明显，束上一条带子可以作为量体时候的参考。或者稍微将肘部弯曲，肘外侧骨骼突出点处，就是腰部的位置。

　　给儿童量体时，主要测量胸围、腰围、臀围、背长、衣长、袖长、裙长、裤长、立裆深、头围、肩宽、背宽。

　　胸围：将皮尺在胸部水平环绕一周进行测量，测量时，在胸部最高位置，能够插入两根手指进去。

　　腰围：用皮尺在用细带子束好的位置水平环绕一周进行测量，测量时，能够在腰部皮尺内插入两根手指。

　　臀围：用皮尺在臀部水平环绕一周进行测量。测量时，在臀部最大部位，过臀高点，能将两根手指插入皮尺内。

　　背长：用皮尺从颈围后中心点（第七颈椎附近）开始，垂直测量至腰围线处。

　　衣长：用皮尺从颈围后中心点开始，垂直测量至腰围线时停下来，再按一下皮尺，至需要的长度为止。衣长是根据儿童的年龄、服装穿着的季节和服装式样来决定的。一般来说，年龄较小的儿童穿稍短的衣服比较好看，年龄稍大的儿童要根据气质确定衣服的长度，同时，衣长也需要结合流行时尚进行考虑。

　　袖长：手臂自然下垂，用皮尺从肩端点开始，测量至手腕部位。

　　裙长：用皮尺从腰围线开始，垂直测量至适合款式的长度，或者用衣长减背长。

　　裤长：用皮尺在体侧面，从腰围线垂直测量至脚外踝点，同时可以根据款式的流行变

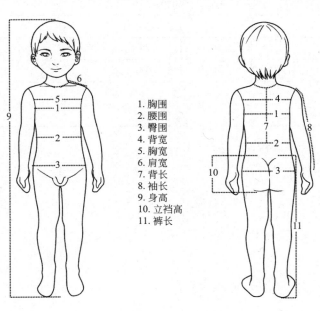

1. 胸围
2. 腰围
3. 臀围
4. 背宽
5. 胸宽
6. 肩宽
7. 背长
8. 袖长
9. 身高
10. 立裆高
11. 裤长

化上下移动。

立裆深：让儿童正坐在平面硬的椅子上，在身体侧面，用皮尺从腰围线垂直量至椅子平面。

头围：用皮尺在儿童头部的最大部位，水平绕一周进行测量。这个尺寸可以用来制作帽子，或者用来确定服装衣领的开口。

肩宽：用皮尺经过颈围后中心点，水平测量左右肩端点之间的尺寸。

背宽：可以用水平测量的肩宽减去3厘米。

七、国内童装尺码对照表

年龄段	身高/厘米	胸围/厘米	腰围/厘米
新生儿	52	40（+或−）4	41（+或−）3
3个月	59	44（+或−）4	44（+或−）3
6个月	66	48（+或−）4	47（+或−）3
12个月	73	48（+或−）4	47（+或−）3
2/（2～3）岁	90	48（+或−）4	47（+或−）3
3/（3～4）岁	100	52（+或−）4	50（+或−）3
4/（4～5）岁	110	56（+或−）4	53（+或−）3
6/（6～7）岁	120	60（+或−）4	56（+或−）3

型号	身高/厘米	适用年龄
100	95～105	3～4岁
110	105～115	4～5岁
120	115～125	5～6岁
130	125～135	6～7岁
140	135～145	7～9岁
150	145～155	9～11岁
160	155～165	11岁以上

第二章
婴幼服装

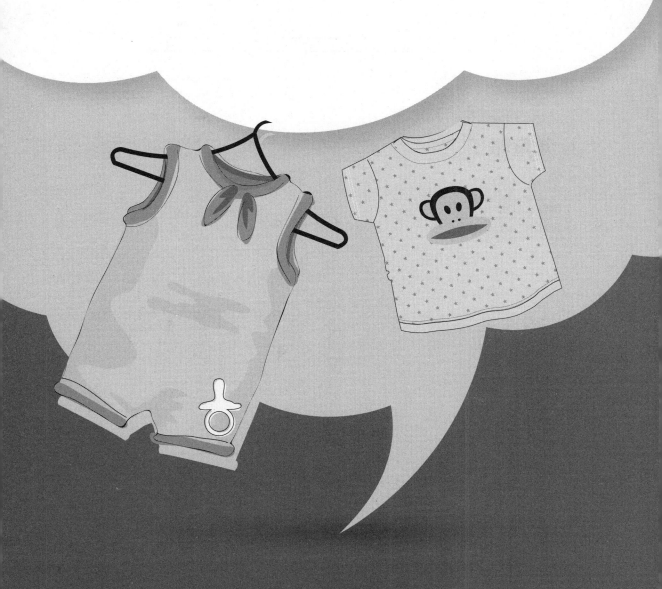

1. 婴儿帽

部位	半径	帽边长
尺寸	15	46

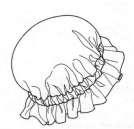

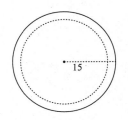

15

94

4

2. 儿童帽子

部位	头围
尺寸	48

4.5

2.5

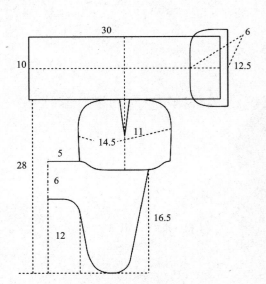

30

6

10

12.5

14.5

11

28

5

6

16.5

12

3. 儿童护耳帽

部位	头围
尺寸	48

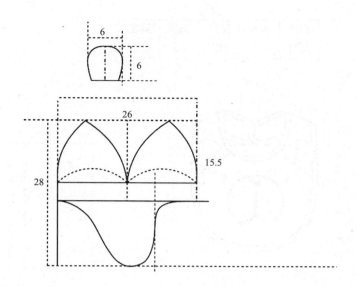

4. 儿童六角帽

部位	头围
尺寸	48

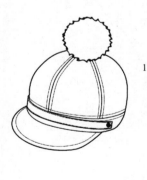

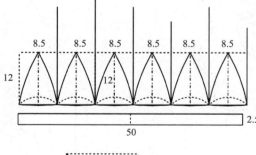

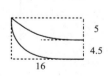

5. 婴儿围嘴（1）

部位	衣长	腰围	胸围	肩宽
尺寸	12	62	62	24

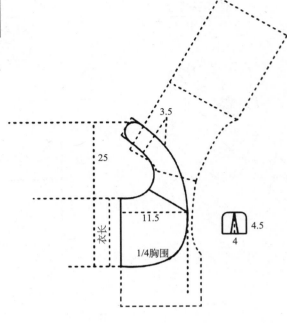

6. 婴儿围嘴（2）

部位	衣长
尺寸	10

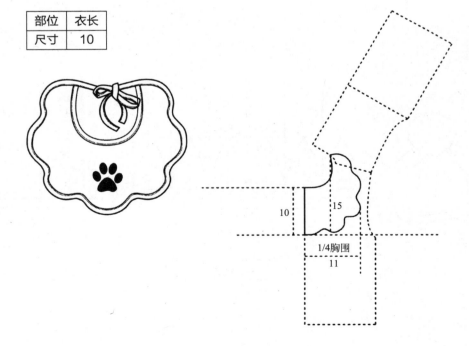

部位	衣长	胸围	肩宽
尺寸	83	86	31

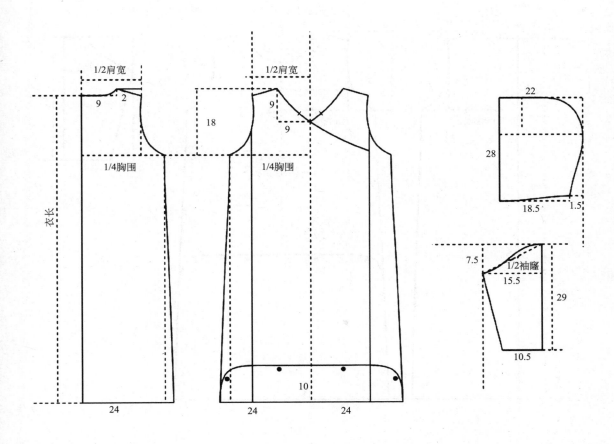

部位	衣长	胸围	肩宽
尺寸	43	70	26

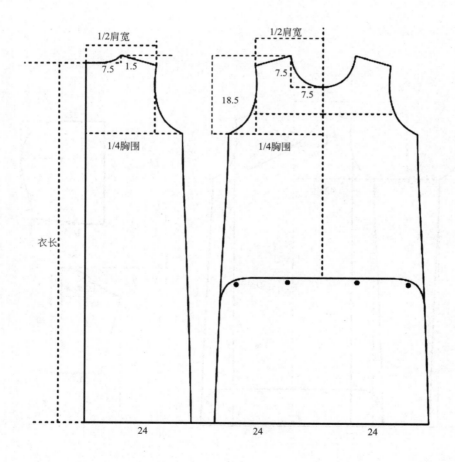

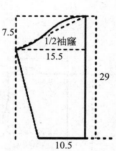

9. 女童夏季爬服

部位	衣长	腰围	胸围	肩宽
尺寸	61	64	68	23

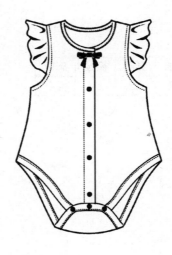

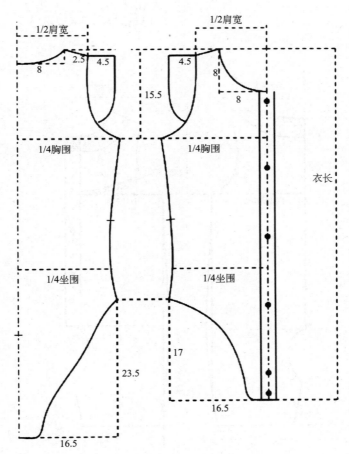

10. 婴儿短袖爬服

部位	衣长	腰围	胸围	肩宽
尺寸	52	62	62	24

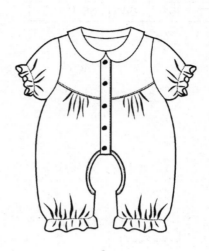

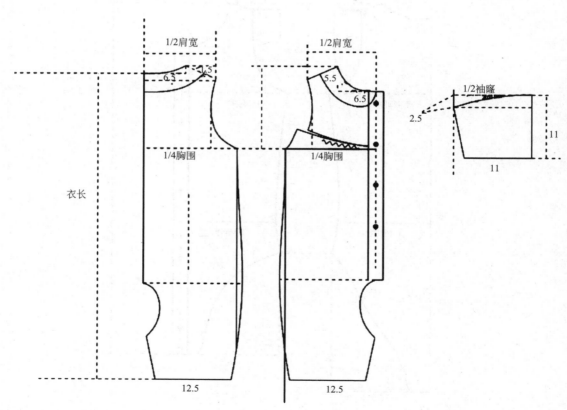

11. 婴儿棉爬服

部位	衣长	腰围	胸围	肩宽	坐围
尺寸	62	70	68	27	72

6.5   2

1/2肩宽   1/2肩宽

6   1.8   7.5
7.5

8   1/2袖隆

1/4胸围   1/4胸围

1/4腰围   1/4腰围   28

衣长
62

1/4坐围   1/4坐围   10.5   2

0.7

7
5.5

2   12.5   1   1   12.5   2

2
21

部位	衣长	腰围	胸围	肩宽	坐围
尺寸	62	68	68	24	72

1/2肩宽

8.5

16

1/2肩宽

8.5

8.5

1/4胸围

1/4胸围

衣长

1/4坐围

1/4坐围

13.5

13.5

13. 婴儿内裤（1）

部位	衣长	腰围	坐围
尺寸	20	38	60

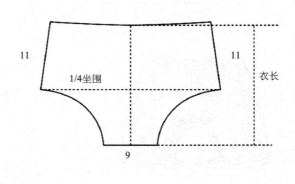

14. 婴儿内裤（2）

部位	衣长	腰围	坐围
尺寸	20	38	53

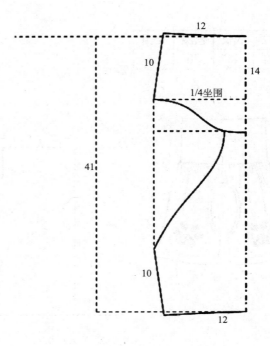

15. 婴儿开裆裤

部位	衣长	腰围	坐围
尺寸	35	38	53

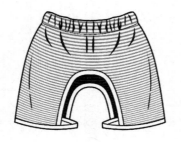

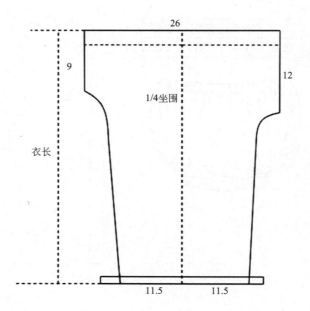

16. 婴儿高腰开裆短裤

部位	衣长	腰围	坐围
尺寸	43	38	57

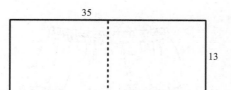

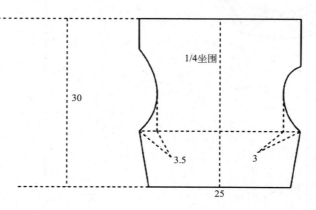

17. 婴儿开裆连脚裤

部位	衣长	腰围	坐围
尺寸	48	38	53

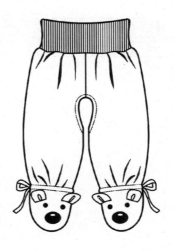

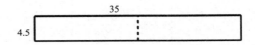

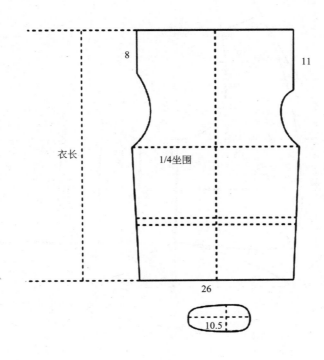

18. 牛仔马甲

部位	衣长	腰围	胸围	肩宽
尺寸	32	68	70	26

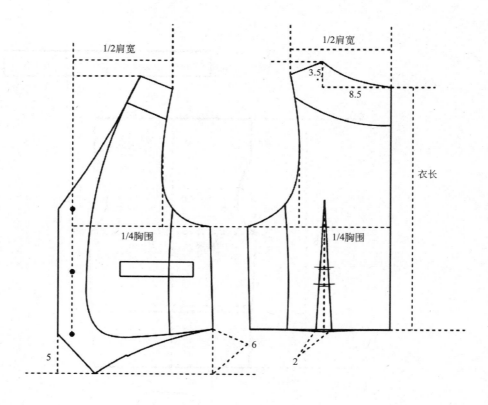

19. 棉马甲

部位	衣长	腰围	胸围	肩宽
尺寸	38	64	64	25

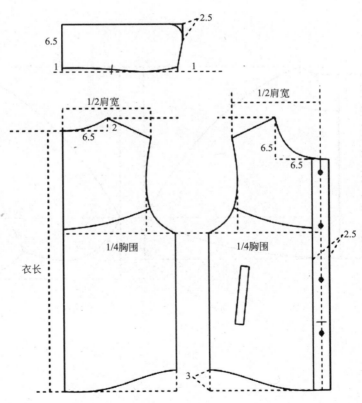

部位	衣长	胸围	肩宽
尺寸	43	70	26

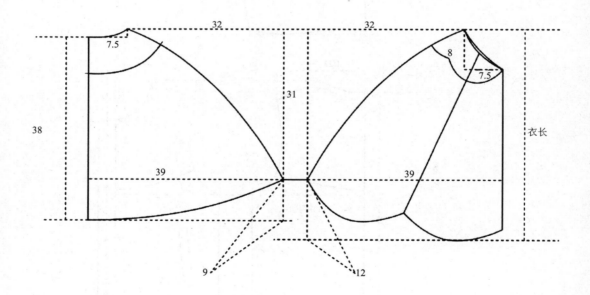

21. 斗篷（1）

部位	衣长	胸围	肩宽
尺寸	46	80	30

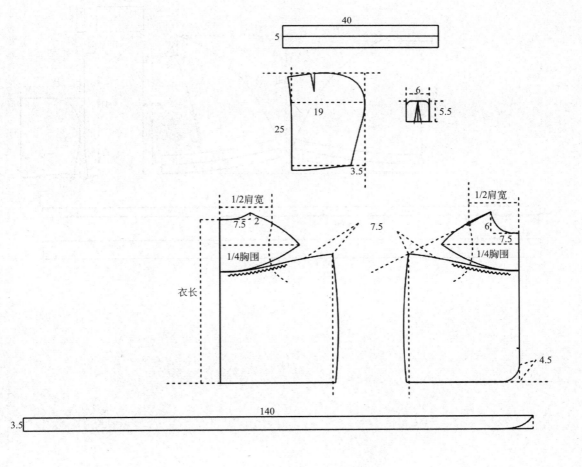

部位	衣长
尺寸	43

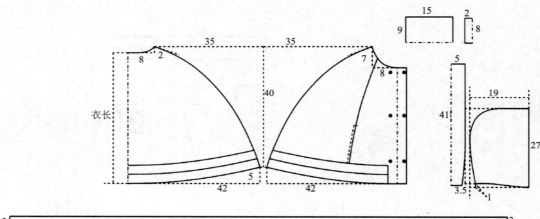

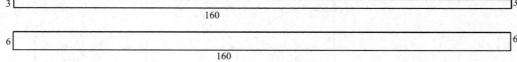

23. 斗篷（3）

部位	衣长	腰围	胸围
尺寸	30	62	62

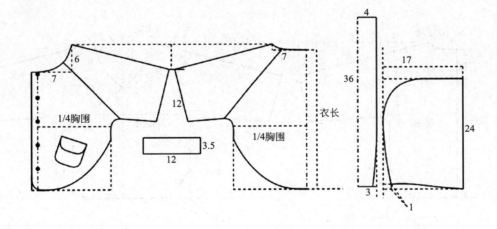

24. 棉袄（1）

部位	衣长	腰围	胸围	肩宽
尺寸	30	53	53	25

1/2肩宽

6   1.5   26

衣长   1/4胸围   7

9.5

6

6.5

1/2肩宽

26

9

6

1/4胸围

6

6.5

25. 棉袄（2）

部位	衣长	腰围	胸围	肩宽
尺寸	40	66	66	27

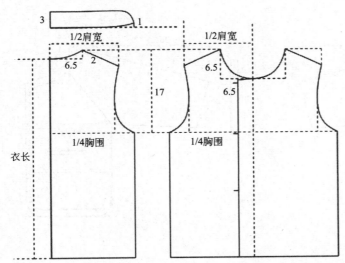

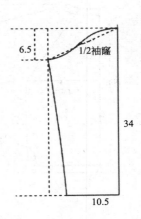

部位	衣长	腰围	胸围
尺寸	31	56	56

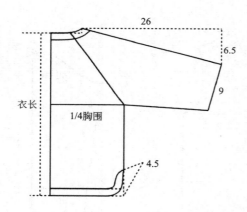

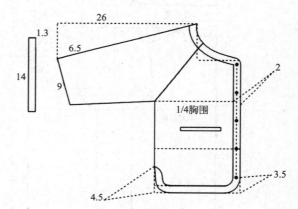

部位	衣长	腰围	胸围	肩宽
尺寸	48	80	80	31

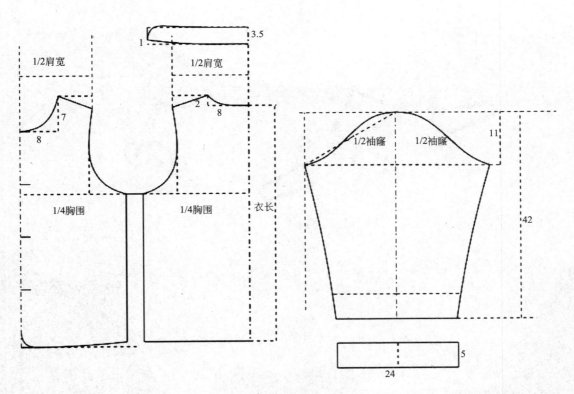

第三章
儿童裤装

28. 男童内裤

部位	衣长	腰围	坐围
尺寸	23	50	70

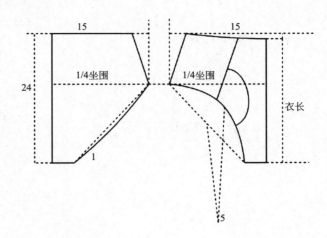

29. 女童内裤

部位	衣长	坐围
尺寸	18	58

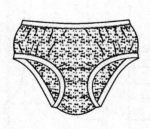

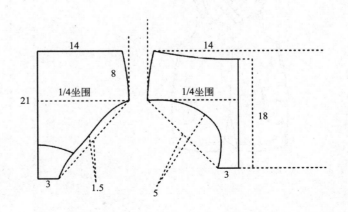

30. 儿童开裆长裤

部位	衣长	坐围
尺寸	37	53

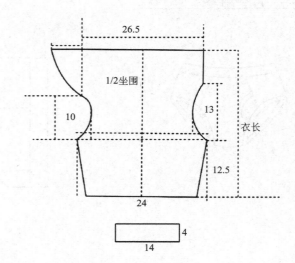

31. 儿童背带裤

部位	衣长	腰围	胸围	肩宽	坐围
尺寸	56	60	60	25	60

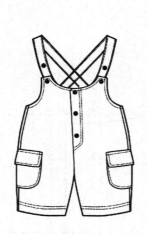

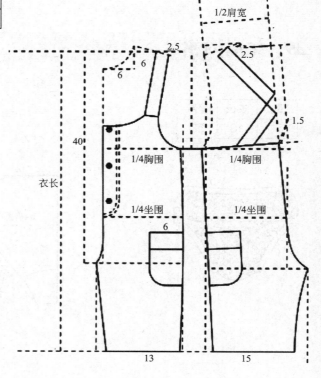

32. 男童短裤（1）

部位	衣长	腰围	坐围
尺寸	28	56	72

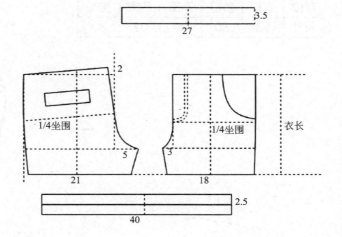

33. 男童短裤（2）

部位	衣长	腰围	坐围
尺寸	36	56	80

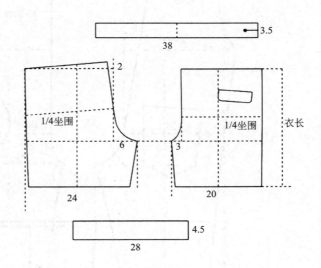

34. 男童背带裤

部位	衣长	腰围	胸围	肩宽	坐围
尺寸	93	80	80	32	80

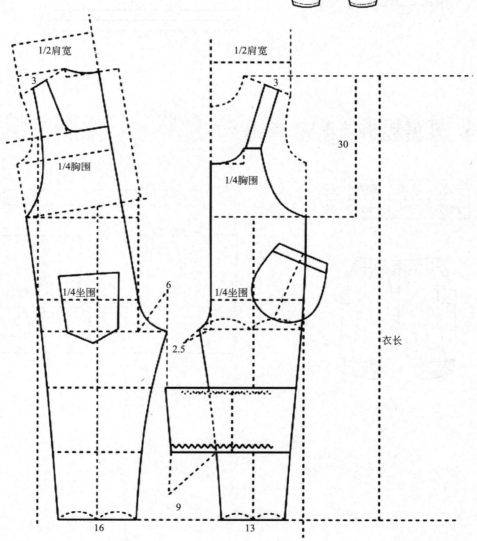

35. 男童长裤

部位	衣长	腰围	坐围
尺寸	66	54	78

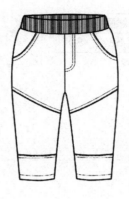

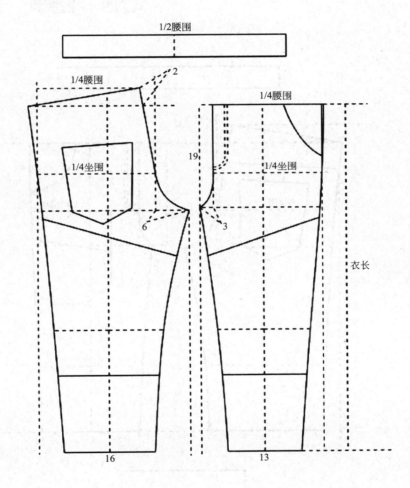

1/2腰围

1/4腰围

2

1/4腰围

1/4坐围

19

1/4坐围

6

3

衣长

16

13

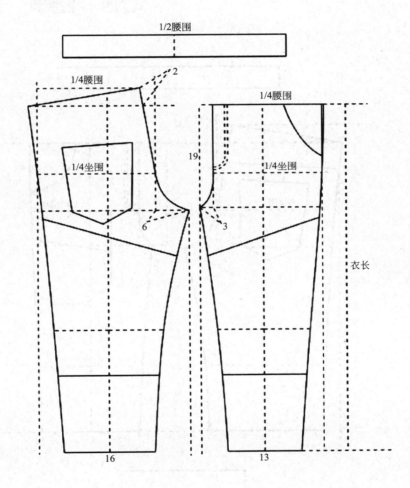

部位	衣长	腰围	坐围
尺寸	63	52	80

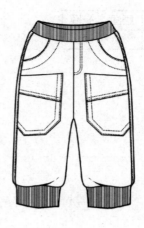

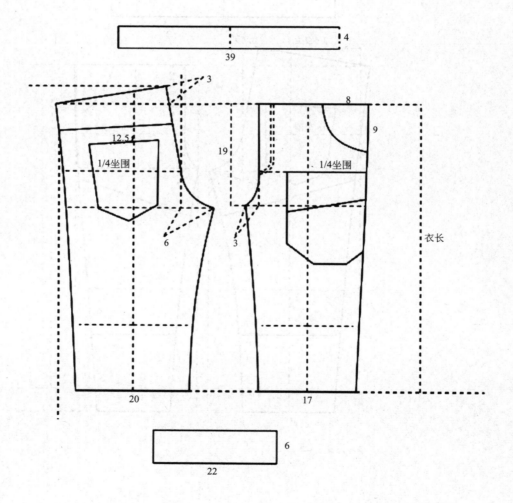

37. 女童短裤

部位	衣长	坐围
尺寸	37	53

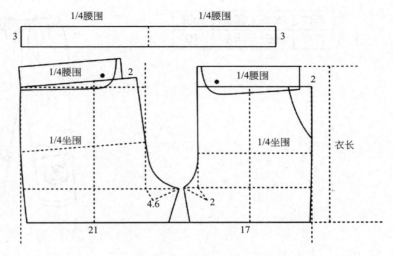

38. 女童花苞短裤

部位	衣长	腰围	坐围
尺寸	27	50	86

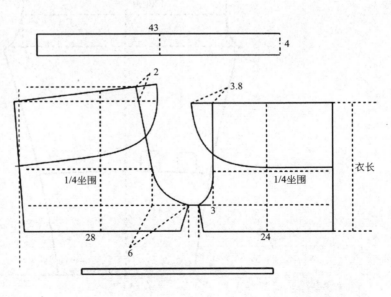

部位	衣长	腰围	坐围
尺寸	66	48	70

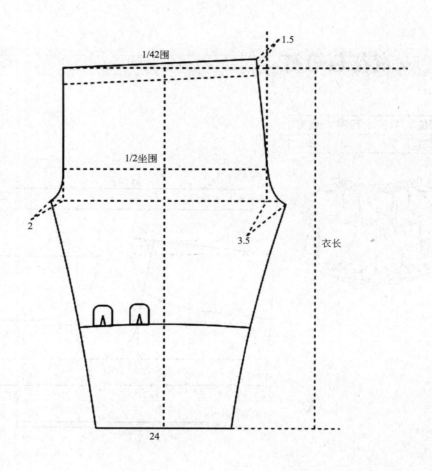

1.5

1/42围

1/2坐围

2

3.5

衣长

24

40. 女童哈伦裤

部位	衣长	腰围	坐围
尺寸	65	50	80

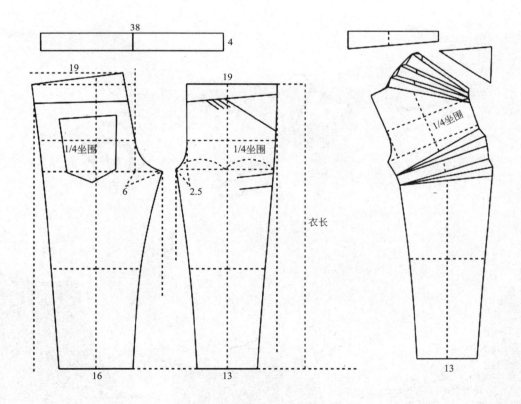

Chapter

04

第四章
女童上装

41. 女童背心

部位	衣长	腰围	胸围	肩宽
尺寸	40	62	64	21

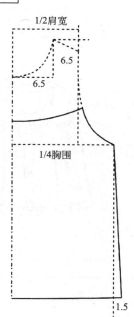

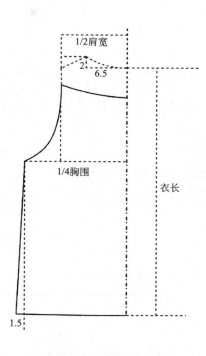

42. 女童吊带背心

部位	衣长	腰围	胸围
尺寸	46	68	68

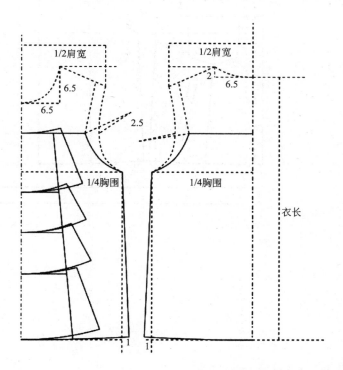

部位	衣长	腰围	胸围	肩宽
尺寸	43	72	72	28

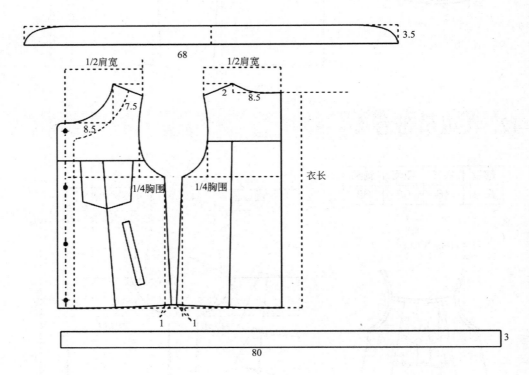

44. 女童T恤

部位	衣长	腰围	胸围	肩宽
尺寸	39	68	72	34

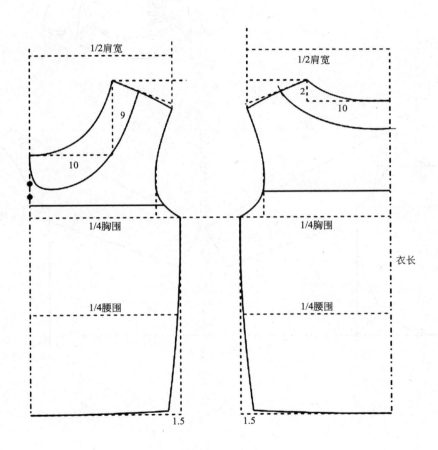

部位	衣长	胸围	肩宽
尺寸	46	72	30

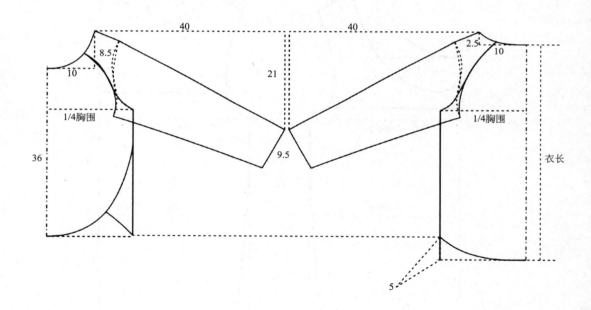

46. 女童衬衣

部位	衣长	腰围	胸围	肩宽
尺寸	46	74	72	30

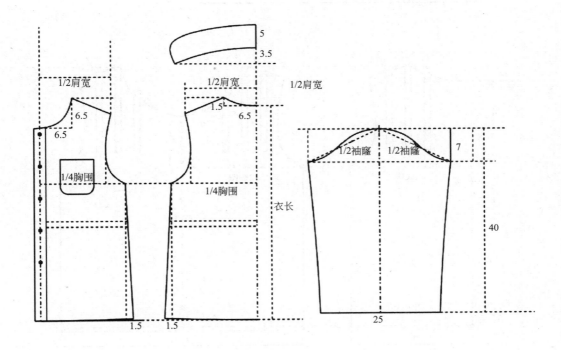

47. 女童无袖衬衫

部位	衣长	腰围	胸围
尺寸	44	80	80

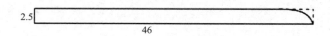

2.5

46

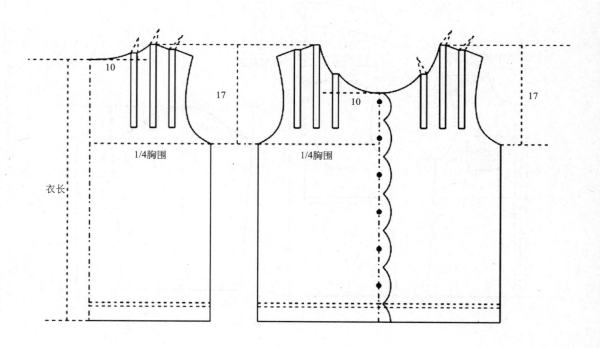

10

17

1/4胸围

衣长

10

17

1/4胸围

48. 女童罩衣（1）

部位	衣长	胸围	肩宽
尺寸	54	76	30

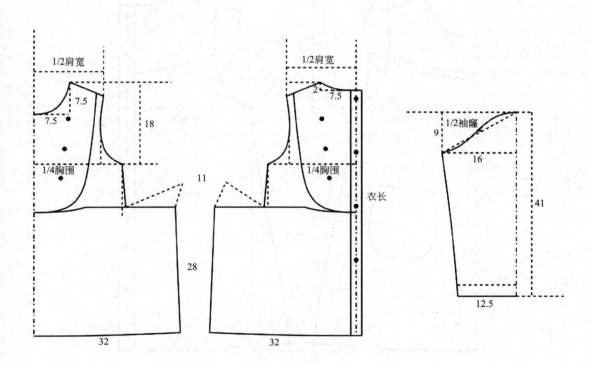

部位	衣长	腰围	胸围	肩宽
尺寸	54	78	76	27

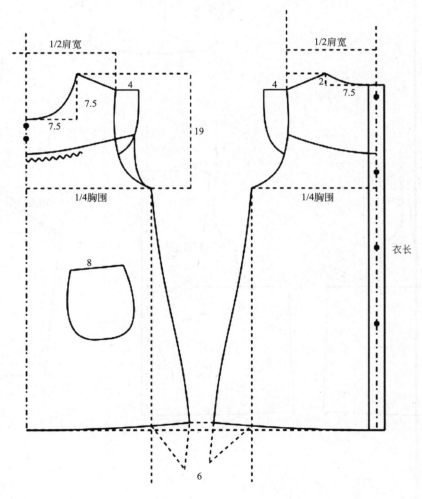

50. 女童POLO衫

部位	衣长	腰围	胸围	肩宽
尺寸	46	72	72	30

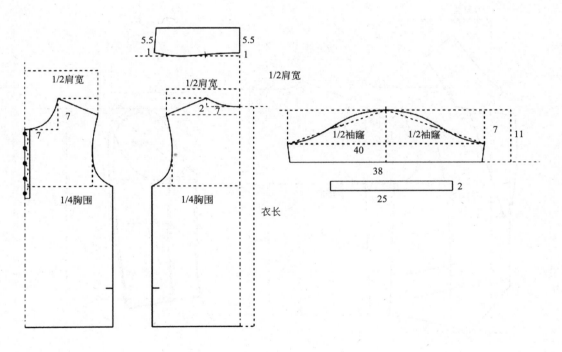

部位	衣长	腰围	胸围	肩宽
尺寸	44	70	72	32

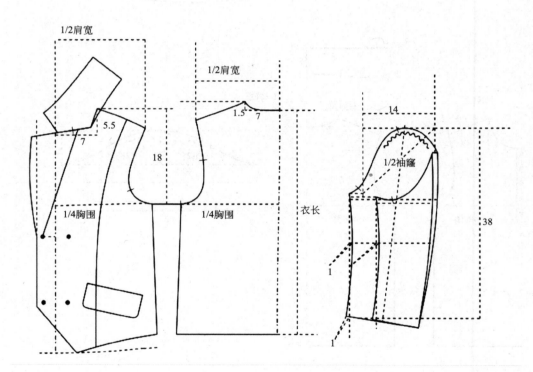

部位	衣长	腰围	胸围	肩宽
尺寸	46	70	74	30

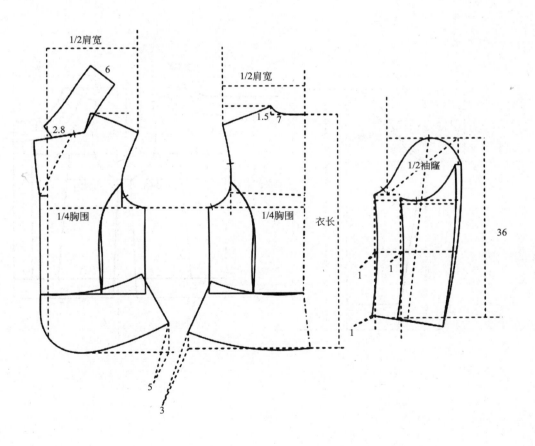

53. 女童牛仔服

部位	衣长	腰围	胸围
尺寸	39	66	72

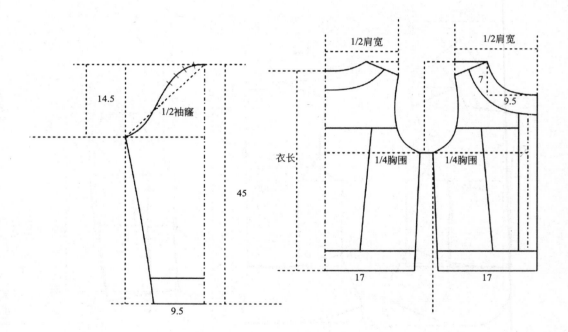

14.5

1/2袖隆

45

9.5

1/2肩宽

1/2肩宽

7

9.5

衣长

1/4胸围

1/4胸围

17

17

54. 女童皮夹克

部位	衣长	腰围	胸围	肩宽
尺寸	41	70	76	27

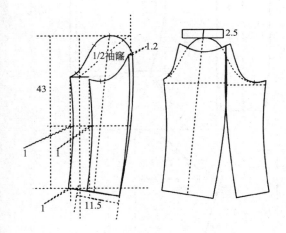

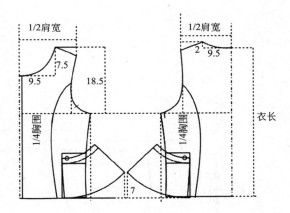

部位	衣长	腰围	胸围
尺寸	43	84	84

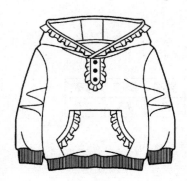

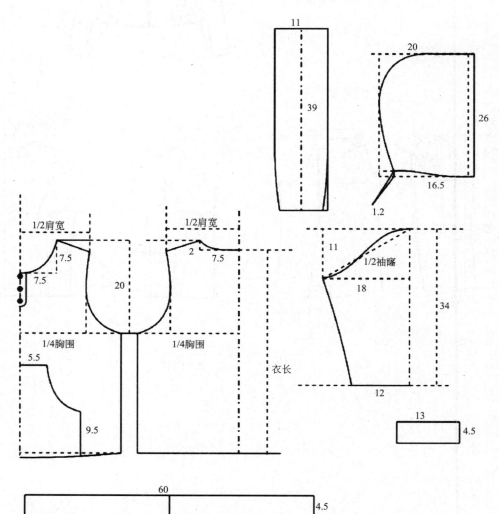

部位	衣长	腰围	胸围
尺寸	43	84	84

9

22

3

36

7.5

7.5

19

1/4胸围

12

2

7.5

19

12

1/4胸围

衣长

13

4.5

32

4.5

部位	衣长	胸围	肩宽
尺寸	51	84	26

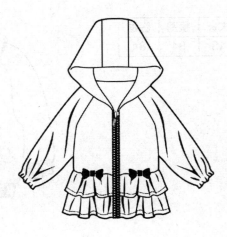

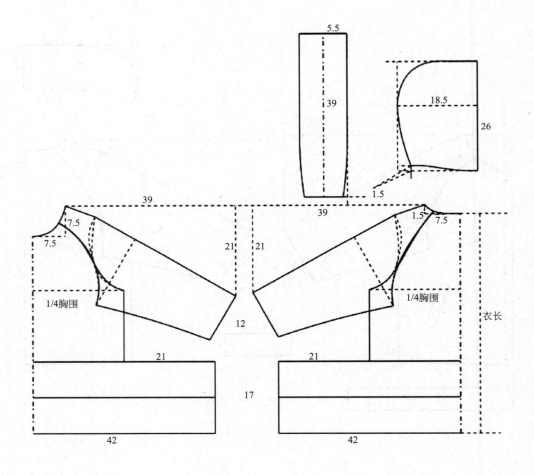

58. 女童外套（2）

部位	衣长	腰围	胸围	肩宽
尺寸	52	80	80	32

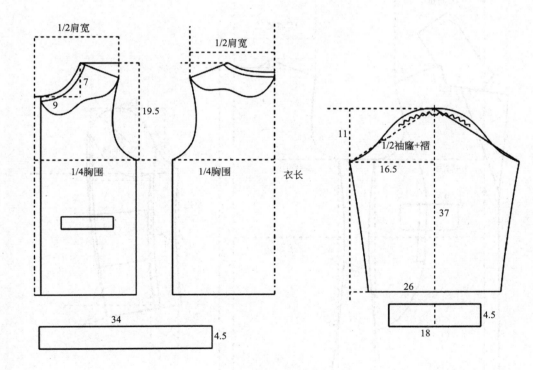

部位	衣长	胸围	肩宽
尺寸	54	76	30

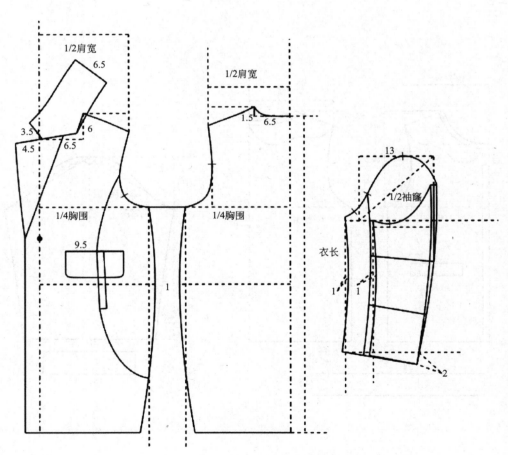

部位	衣长	腰围	胸围	肩宽
尺寸	49	76	78	30

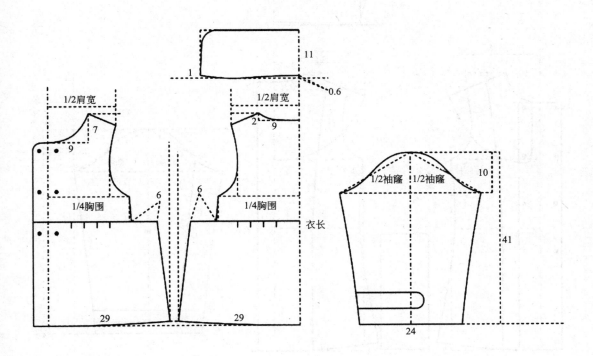

部位	衣长	腰围	胸围	肩宽
尺寸	58	74	74	31

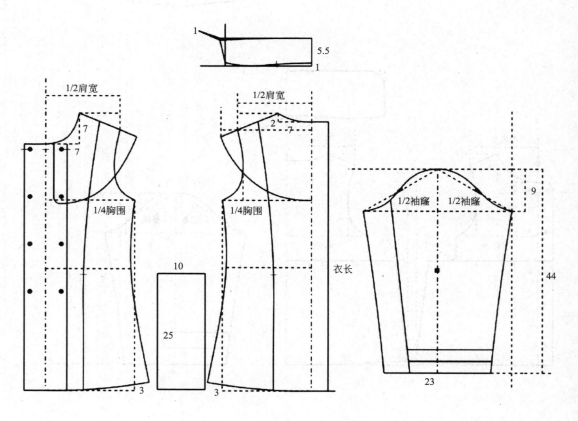

62. 女童风衣（2）

部位	衣长	腰围	胸围	肩宽
尺寸	58	74	74	31

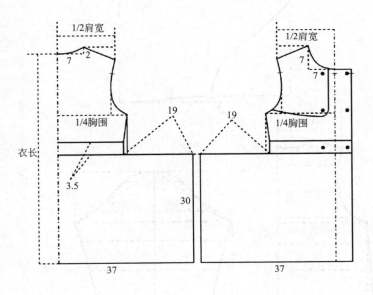

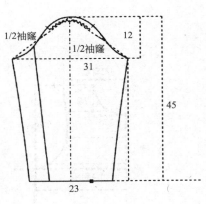

63. 女童羽绒服（1）

部位	衣长	腰围	胸围	肩宽
尺寸	48	85	84	30

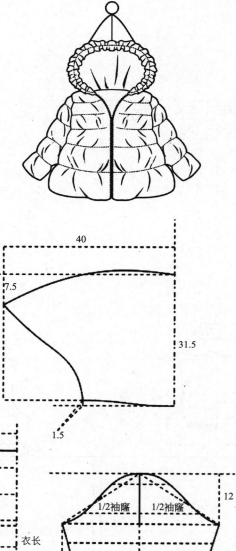

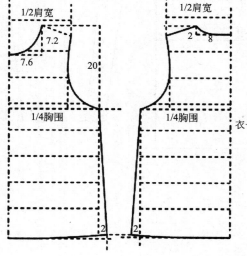

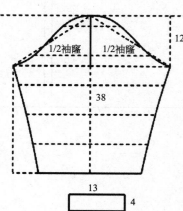

64. 女童羽绒服（2）

部位	衣长	胸围	肩宽
尺寸	48	84	31

11

39

17.5

27

2.5

24

9

1/2肩宽

1/2肩宽

7.5

7.5

2   8

20

1

1/4胸围

1/4胸围

衣长

12   1/2袖隆

38

5

13

28

28

4

13

第五章
女童裙子

65. 女童半裙（1）

部位	衣长	腰围	坐围
尺寸	34	50	68

23

8.5   8.5

1/4腰围

10   10

1/4坐围   1/4坐围

3.5   3.5

7.5   7.5

3.5   3.5

50

12.5

66

7.5

74

7.5

66. 女童半裙（2）

部位	衣长	腰围	坐围
尺寸	35	50	68

1.5   1.5

1/4腰围   1/4腰围

1/4坐围   1/4坐围

衣长

67. 女童半裙（3）

部位	衣长	腰围	坐围
尺寸	35	50	72

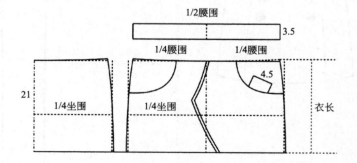

68. 女童牛仔短裙

部位	衣长	腰围	坐围
尺寸	25	52	70

69. 女童背带裙（1）

部位	衣长	腰围	胸围
尺寸	57	60	72

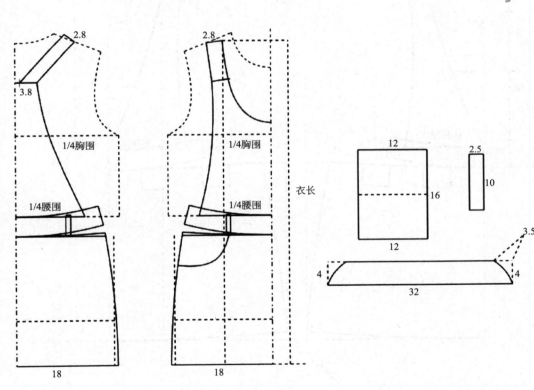

部位	衣长	腰围	胸围
尺寸	58	70	74

30

1/4腰围

3.5

4

4

3.5

1/4腰围

衣长

4.5

4.5

4.5

4.5

1

71. 女童连衣裙

部位	衣长	腰围	胸围	肩宽
尺寸	78	68	64	26

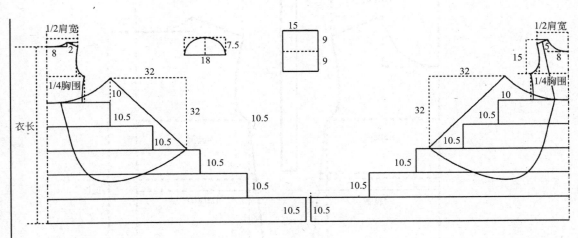

1/2肩宽
8 2
1/4胸围
10
10.5
10.5
衣长
10.5
10.5
10.5
32
32
10.5

15
9
9

7.5
18

32
10
10.5
10.5
10.5
1/2肩宽
5 8
1/4胸围
15
32
10.5

72. 女童短袖连衣裙

部位	衣长	腰围	胸围	肩宽
尺寸	60	84	80	38

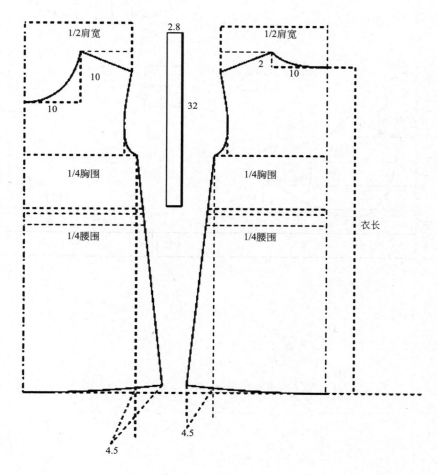

73. 女童长袖连衣裙

部位	衣长	腰围	胸围	肩宽
尺寸	60	64	68	28

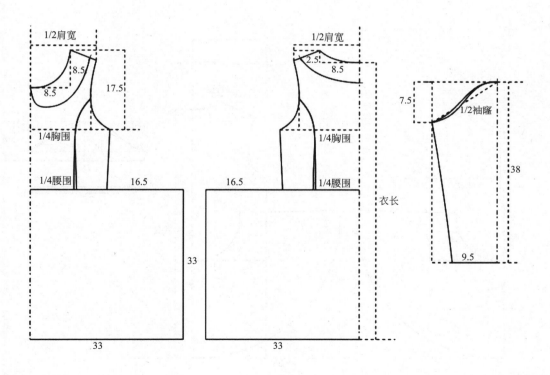

部位	衣长	胸围	肩宽
尺寸	60	70	29

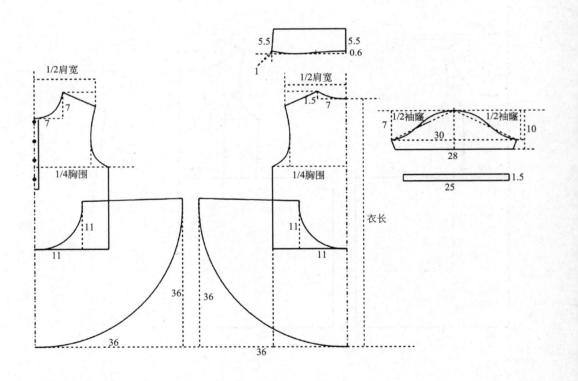

75. 女童旗袍

部位	衣长	腰围	胸围	肩宽
尺寸	74	62	66	26

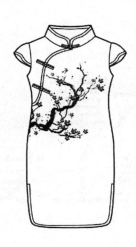

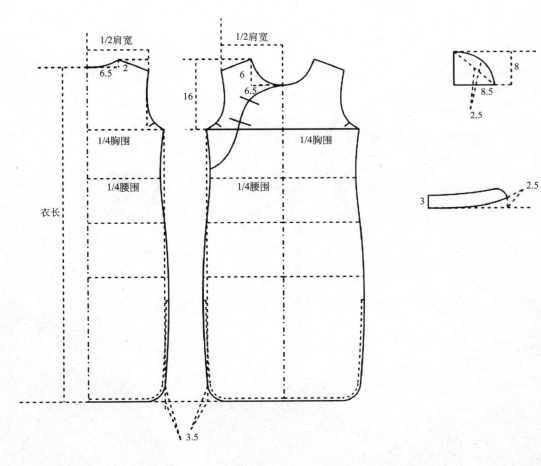

第六章
男童上装

76. 男童背心

部位	衣长	腰围	胸围	肩宽
尺寸	40	64	64	25

1/2肩宽

1/2肩宽

7

10

15

10

4.5

1/4胸围

1/4胸围

衣长

77. 男童工字背心

部位	衣长	腰围	胸围	肩宽
尺寸	40	64	64	23

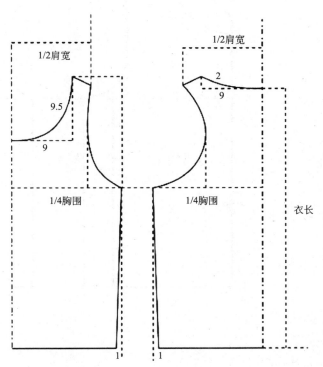

1/2肩宽

1/2肩宽

9.5

2

9

9

1/4胸围

1/4胸围

衣长

1

1

部位	衣长	腰围	胸围	肩宽
尺寸	41	72	72	28

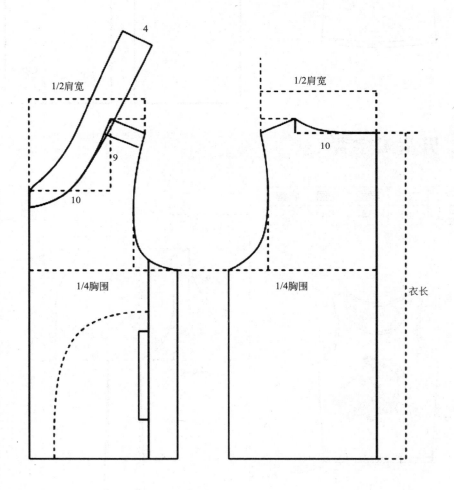

79. 男童衬衫

部位	衣长	腰围	胸围	肩宽
尺寸	48	80	80	32

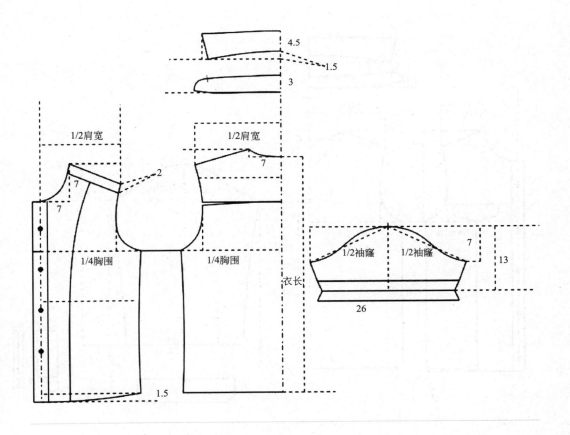

80. 男童牛仔衬衫

部位	衣长	腰围	胸围	肩宽
尺寸	48	76	76	31

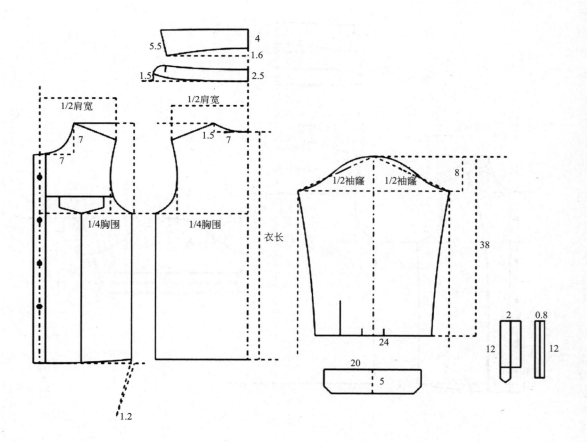

81. 男童T恤

部位	衣长	腰围	胸围	肩宽
尺寸	46	72	72	30

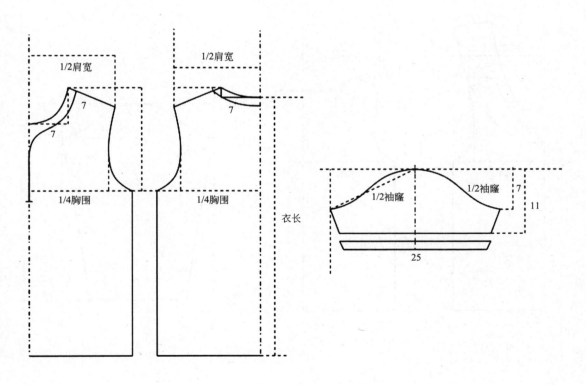

部位	衣长	腰围	胸围	肩宽
尺寸	44	72	72	30

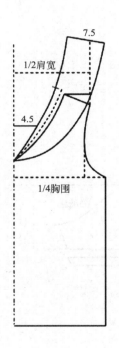

7.5

1/2肩宽

4.5

1/4胸围

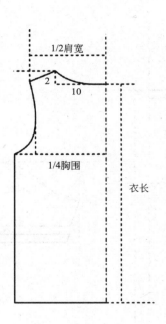

1/2肩宽

2

10

1/4胸围

衣长

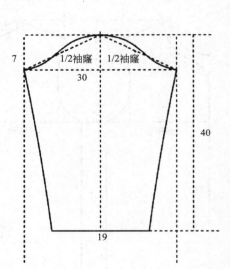

7

1/2袖窿

1/2袖窿

30

40

19

83. 男童POLO衫

部位	衣长	腰围	胸围	肩宽
尺寸	46	72	72	30

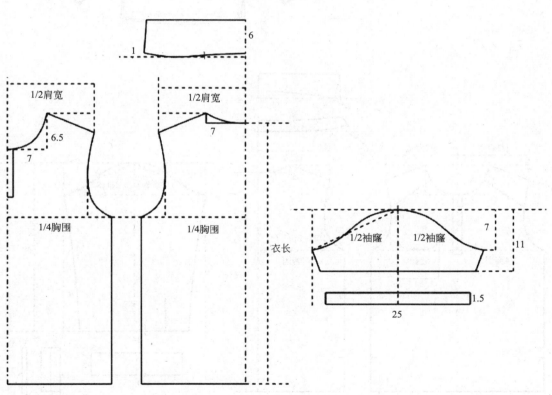

部位	衣长	腰围	胸围	肩宽
尺寸	49	72	72	31

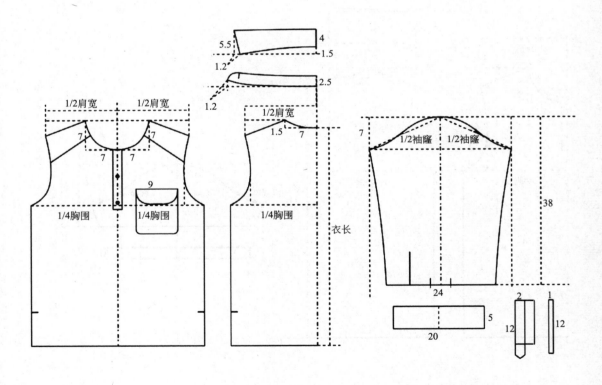

85. 男童卫衣（1）

部位	衣长	腰围	胸围	肩宽
尺寸	48	80	80	31

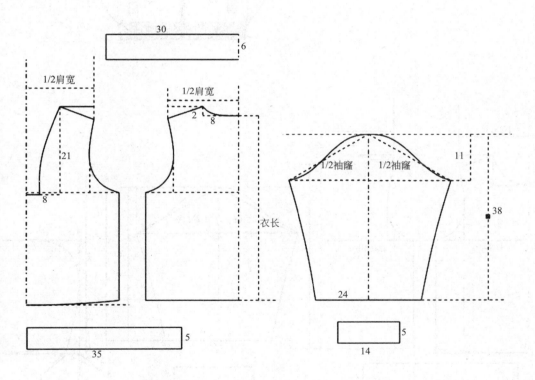

部位	衣长	腰围	胸围	肩宽
尺寸	48	80	80	31

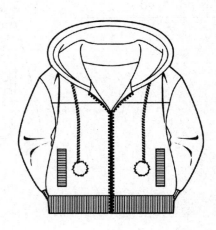

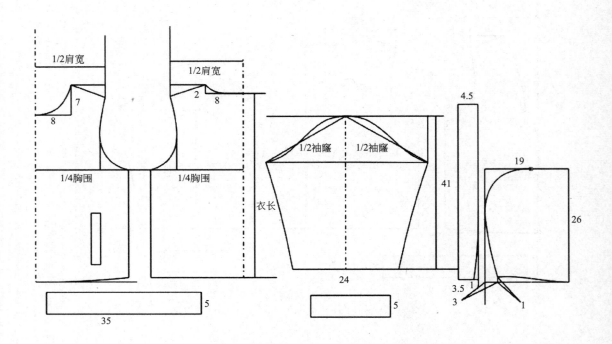

87. 男童罩衣（1）

部位	衣长	腰围	胸围
尺寸	38	66	64

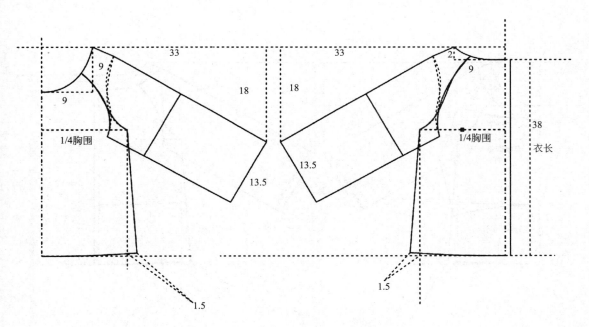

部位	衣长	腰围	胸围
尺寸	38	66	64

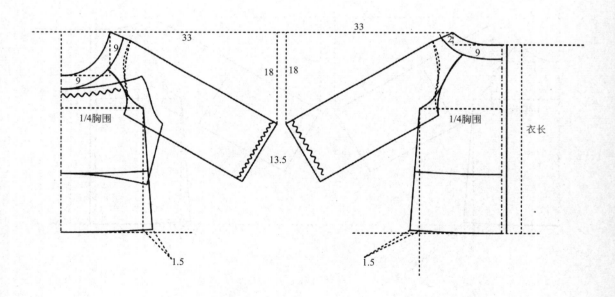

89. 男童牛仔服

部位	衣长	腰围	胸围	肩宽
尺寸	45	76	76	31

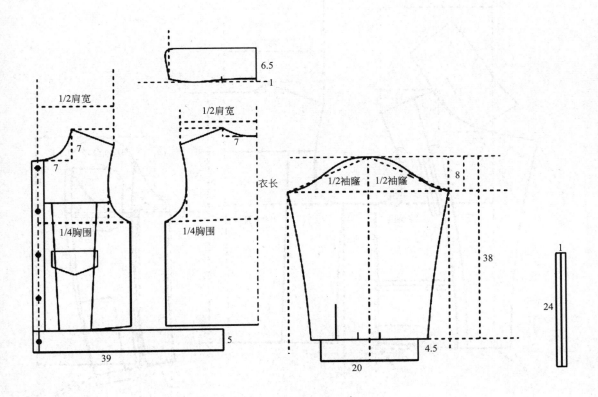

90. 男童皮夹克

部位	衣长	腰围	胸围	肩宽
尺寸	42	74	74	32

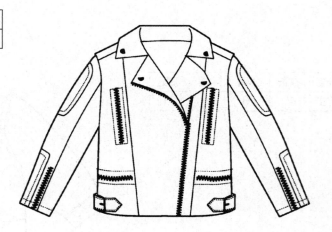

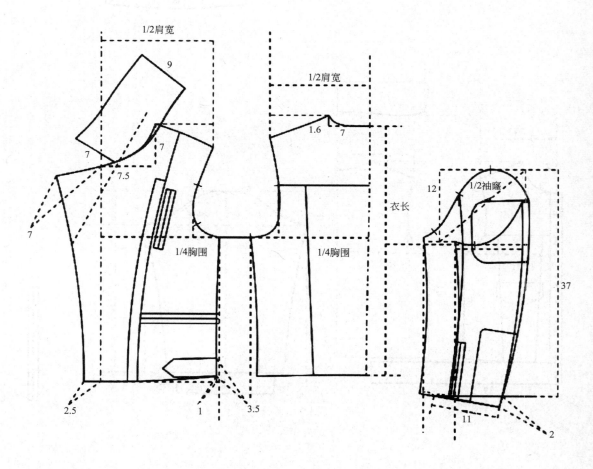

91. 男童外套（1）

部位	衣长	腰围	胸围	肩宽
尺寸	48	80	80	31

4.5

41

19

26

2.5

1/2肩宽

1/2肩宽

7

1.6

8

8

1/4胸围

1/4胸围

11

衣长

2

1/2袖隆

1/2袖隆

11

38

12

12

部位	衣长	腰围	胸围	肩宽
尺寸	48	80	80	32

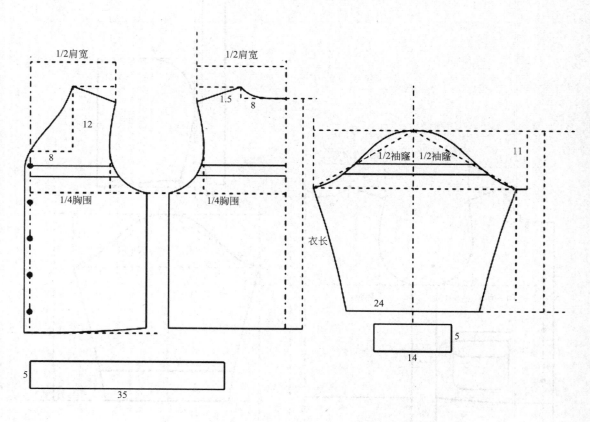

93. 男童西装（1）

部位	衣长	腰围	胸围	肩宽
尺寸	46	74	74	31

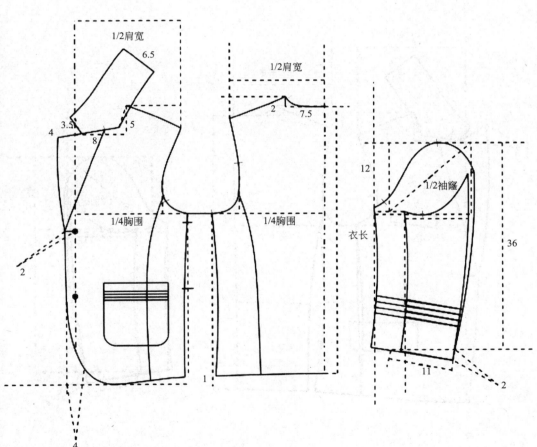

部位	衣长	腰围	胸围	肩宽
尺寸	46	74	74	31

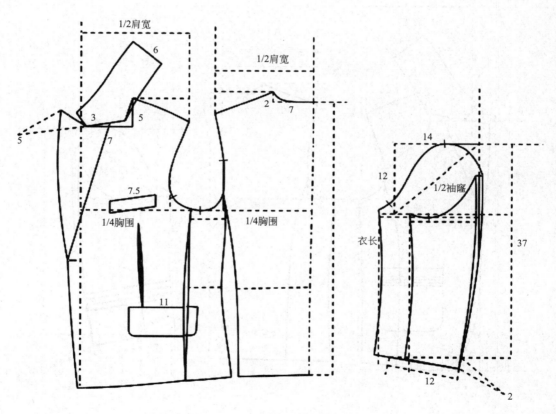

95. 男童风衣（1）

部位	衣长	腰围	胸围	肩宽
尺寸	52	72	72	28

6   4.5

1.5

2.5

14

2.8

1/2肩宽

1/2肩宽

1.5 6.5

3.5

6

13

4.5 6.5

11   1/2袖隆

1/4胸围

1/4胸围

9.5

35

1

衣长

1   1

1

2

3   3

3   120

部位	衣长	腰围	胸围	肩宽
尺寸	57	72	72	28

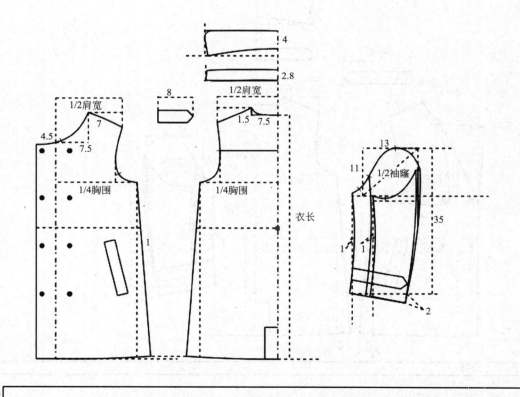

97. 男童呢子大衣（1）

部位	衣长	腰围	胸围	肩宽
尺寸	49	72	72	30

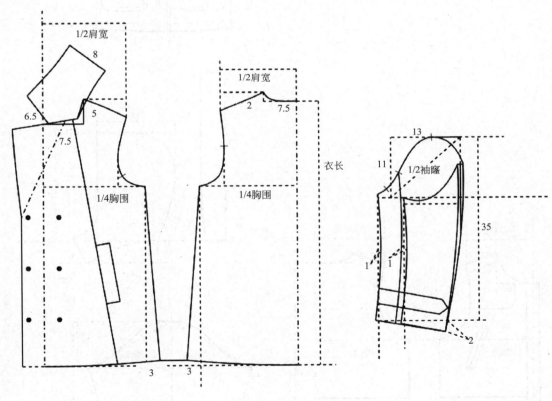

98. 男童呢子大衣（2）

部位	衣长	腰围	胸围	肩宽
尺寸	50	80	80	31

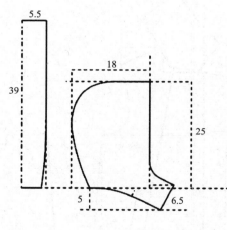

5.5

39

18

25

5   6.5

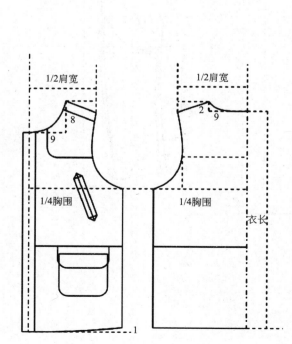

1/2肩宽   1/2肩宽

8   2
9   9

1/4胸围   1/4胸围

衣长

1

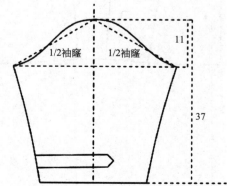

1/2袖窿   1/2袖窿

11

37

99. 男童羽绒服（1）

部位	衣长	腰围	胸围	肩宽
尺寸	48	84	80	31

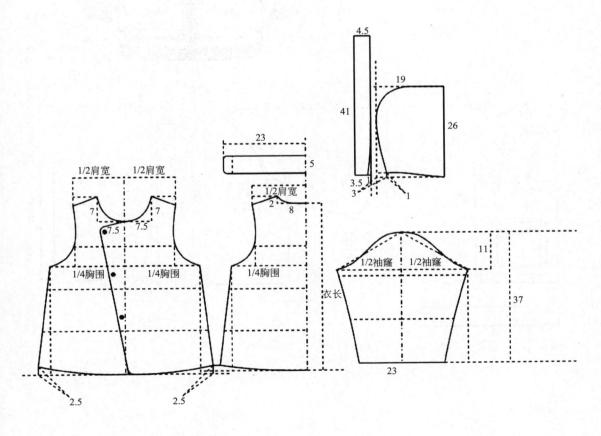

部位	衣长	腰围	胸围	肩宽
尺寸	48	80	80	31

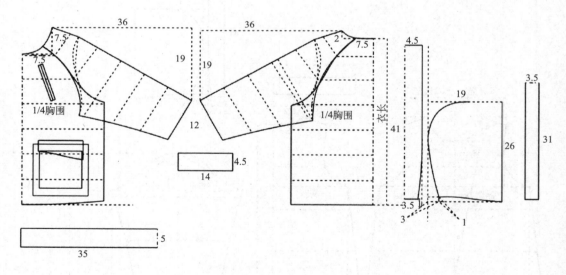